传统文化
有意思

段张取艺 著绘

穿裤子还是
不穿裤子

U0392069

中信出版集团 | 北京

图书在版编目（CIP）数据

穿裤子还是不穿裤子 / 段张取艺著绘 . -- 北京：
中信出版社 , 2023.7
（传统文化有意思）
ISBN 978-7-5217-5729-3

Ⅰ . ①穿… Ⅱ . ①段… Ⅲ . ①服饰文化－文化史－中
国－儿童读物 Ⅳ . ① TS941.12-092

中国国家版本馆 CIP 数据核字（2023）第 086891 号

穿裤子还是不穿裤子

（传统文化有意思）

著　　绘：段张取艺
出版发行：中信出版集团股份有限公司
　　　　　（北京市朝阳区东三环北路27号嘉铭中心　邮编　100020）
承 印 者：北京联兴盛业印刷股份有限公司

开　　本：787mm×1092mm　1/16　　　印　　张：2.5　　　字　数：35千字
版　　次：2023年7月第1版　　　　　　印　　次：2023年7月第1次印刷
书　　号：ISBN 978-7-5217-5729-3
定　　价：20.00元

出　　品：中信儿童书店
图书策划：将将书坊
总 策 划：张慧芳
策划编辑：李镇汝
责任编辑：袁慧
营　　销：中信童书营销中心
封面设计：姜婷　佟坤
版式设计：佟坤　李艳芝

小朋友们，看我看我！我是小飞龙，别看我个子小，我可是能穿越时空的哟！

这次，由我来做向导，带大家去看看裤子的历史。什么？你说我们每天都要穿裤子，没什么可看的？我们现在觉得穿裤子是日常生活中最平常不过的事情。不过，在很久很久以前，远古先民都不穿裤子！

先穿上衣裳再说

传说，很久很久以前，有一个人看到人们都随便拿东西裹着身体跑来跑去。

天哪！

这样太容易走光了，得想个办法。

他苦思冥想，终于想出了一个法子。

有了！把兽皮或葛麻从中间裁开。

哇哦！

想出这个法子的人就是黄帝，他开启了文明时代，大家把
这件事称为"垂衣裳而天下治"。

那腿怎么办？

虽然穿上了衣裳，但腿还是光溜溜的。那天冷的时候怎么办呢？

光腿也太冷了！

套上两条裤管就保暖啦！

在古代，这种开裆的裤子叫作"袴"。袴有两种，一种叫作"胫衣"，完全无裆，用带子把裤管系在腰带上。

带子系到腰带上。

裤管从小腿穿进去。

原来是这样穿的呀！

还有一种袴有一部分裆，并用裤腰把两条裤管从前面连在一起，于是，开裆裤诞生了!

不用系那么多带子，更方便啦!

这样还能保护小肚子!

穿着开裆裤虽然上厕所十分方便，但平时容易走光，所以古人常常把开裆裤穿在衣裳或者深衣里面。

注：深衣是一种上衣和下裳相连的衣服。

后面是开裆的。

前面封裆。

那当时的中原人是什么时候穿上和现代相似的裤子的呢?

开裆裤惹麻烦了！

穿开裆裤也有很多不方便的地方。战国时期，赵国有一位国君，他觉得北方的游牧民族骑马打仗非常厉害。

他仔细观察后发现，原来游牧民族的裤子都是合裆的！穿了合裆裤骑马就很方便，这样骑兵的战斗力就会大幅度提升。

把裆缝上试试吧！

赵国国君赵武灵王决定推行一项穿裤子的改革，他第一个穿上了游牧民族的裤子，去朝堂上和大臣们开会。

前后都有裆的裤子，在古代被称作"裈"。在中原，起初只有地位很低的人会穿裈。

前后都是封起来的。

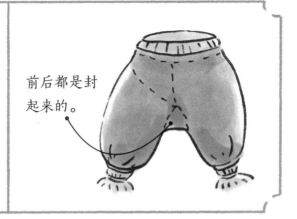

穿合裆裤可以这样厉害！大王真是英明！

冲冲冲！

因为北方游牧民族当时被统称为"胡人"，所以这项改革就被称作"胡服骑射"。在这之后，赵国的骑兵变得非常厉害，赵国也成为战国时期的霸主之一。

谁穿这种裤子?

　　然而改革后的裤子并没有在所有人群中推广开来,中原人还是觉得穿衣裳或者深衣才得体。但得体的衣服不是所有人都穿得起,西汉的司马相如曾经就因为很穷,开酒馆维持生计,穿着犊鼻裤干活。

犊鼻裈，就是用布把前后裆都围起来，非常短。

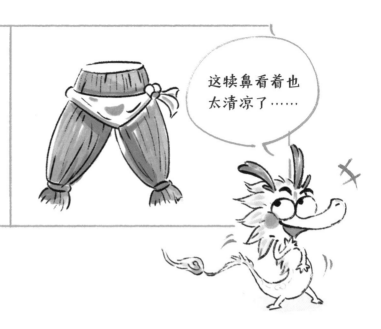

这犊鼻看着也太清凉了……

司马相如的岳父卓王孙是一个有钱、有地位的大富翁，觉得女婿干这种活实在太丢人了，于是给了他一笔钱。这下子，司马相如能穿上得体的衣裳了。

谢谢岳父!

你肯定是故意的……

穿裤子也要优雅！

随着南北方各民族越来越多地生活在一起，中原人终于不再觉得穿裤子奇怪了，并且把裤子和裳进行了融合。

新裤子！
新潮流！

飘逸优雅！

大口裤是裤脚十分宽大的合裆裤，站立时形似裙子。

好像现在的喇叭裤！

中原人以前穿的上衣下裙被称为"衣裳"，而这种上穿长度在膝盖以上的交领衣、下穿大口裤的装束被称为"裤褶"。

时尚!

我这样系一下更方便!

穿大口裤行动不方便，所以人们常常在膝盖的位置用绳带系一下。因此，这种裤子又被称作缚裤。

又优雅，又方便!

都得穿上汉服!

当中原人向北方民族学习时,北方民族中也出现了一位羡慕中原文化的皇帝,他不仅把国都迁到了位于中原的洛阳,还要求臣民都学习中原人的穿着。

我是鲜卑族的,为什么一定要穿汉服?

北方民族的裤子主要是裤脚较小的小口裤,被称作"胡裤"。

好长呀!

赶紧换掉!

糟了!今天穿的是胡裤!

这位皇帝是北魏孝文帝,除了这件事,他还进行了其他一系列改革,被称为"孝文改制"。孝文改制让南北方民族的穿衣方式更加接近了。

裤子也有千姿百态

到了唐朝，随着国家更加开放、富强，各民族都涌入长安生活。更多种类的裤子也跟着走进了人们的日常生活。

除了大口裤、小口裤，还有好多没见过的裤子！

哇哦！那个小孩穿的是背带裤哇！

那女孩穿的条纹裤真漂亮！

16

唐朝女子穿的条纹裤往往上端宽大，裤脚收紧，这是从波斯传过来的裤子样式，被称作"波斯裤"。

这个圆领袍衫不是男装吗？

在唐朝，女孩子穿男装很正常！

唐朝人原来这么时尚！

大口裤还是窄裤?

在朝堂上,穿着大口裤和穿着窄裤的几乎是两类人。大口裤属于宽大的裤褶装。窄裤则搭配更加轻便的圆领袍衫。

正统文人就该穿大口裤。

朕觉得窄裤更好看!

不过,皇帝们大都偏爱袍衫窄裤。

皇帝都喜欢这么穿，那全国上下自然都跟着学，
因此袍衫窄裤一直是唐朝的时尚穿搭。

层层叠叠的裤子！

到了宋朝，更多人会选择穿交领长衫或圆领袍衫，搭配上下一样宽的直筒裤，这时裤子的穿法还不像现代这么简便。

先穿上合裆的直筒裤。

还是有点儿冷呀，再穿条开裆裤吧！

最后套上长衫，什么都看不见了！

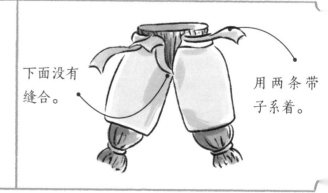

宋朝开裆裤前后都有遮挡，只是由于裁剪不贴身，为了不"卡裆"，前裆和胯下不缝合，也称作"袴"。

下面没有缝合。

用两条带子系着。

女生前两步和男生穿裤子的步骤一样。

直筒裤!

开裆裤!

最后外穿一条装饰的裤子!

这种裤子好漂亮。

侧边开口。

这种穿在外面的裤子前后合裆，侧面开口，不能保暖，只做装饰，一般是劳动妇女穿的，称为"裆"。

最重要的是方便！

　　不管裤子的款式怎么变，新裤子也只会流行在有地位、有文化的士人中。大部分劳动男子几乎一直是短衣配长裤，因为这一身干活最方便。

士人的潮流我
不懂，别耽误
我干活。

为了行动方便，人们会在膝盖处系一条绳带，把裤子固定，或者把整个裤脚都系上。这些都属于缚裤。

劳动女子有时也不穿长裙，而是用短裙配长裤，方便最重要。

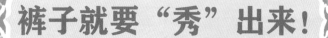

裤子就要"秀"出来！

到清朝，裤子可以单穿了！清末，女子裤脚上普遍会绣花，外面也不再套裙子，让裤子从打底变成了外穿，成为真正的时尚单品。

在我们中国，女孩子穿裤子再正常不过啦！

而那个时候，经济发达的欧洲地区，依然不允许女子穿裤子。

我们穿裤子可是违法的！

太羡慕你们了！

不是只能穿裤子！

清朝之后，随着古代王朝的消失，女子终于不用再想办法把腿裹得严严实实，可以选择不穿长裤了。

民国流行的旗袍可以长，可以短，侧面的开衩可以高，可以低，能展现女孩子们的美丽。

既修身又优雅

不光女子们换了下装，男子们也换上了修身又挺拔的西装裤和中山裤，脱下穿了千百年的传统中式裤。

中山装、西装的裤子与传统中式裤比起来，裁剪更加贴身，束腰的方式也从系带变成了拉拉链和系扣子。

腰部用拉链和扣子固定。

裤子的历史就这么结束了吗?

当然不是啊!

永不消失的裤子

在悠悠历史中，中国人穿的裤子不停地换啊换，但没有哪种裤子是被真正淘汰的，它们只不过换了个样子，依然活跃在人们的生活中。

宋裤被改良成了新的时尚单品。

开裆裤因为上厕所很方便，成为小孩子的专用裤。

背带裤换了新的布料和花纹式样，又成为一种新时尚！

胫衣演变成只包裹腿部的护膝，部分少数民族中依然流行这种服饰。

冬天非常冷时，人们可能会在裤子外再裹一层棉的或皮的护膝。

外卖小哥穿着皮质护膝送餐，这样骑车的时候就不会冻腿啦。

想怎么穿就怎么穿

时间带给我们的不是一轮又一轮的淘汰，而是一轮比一轮更多的选择。

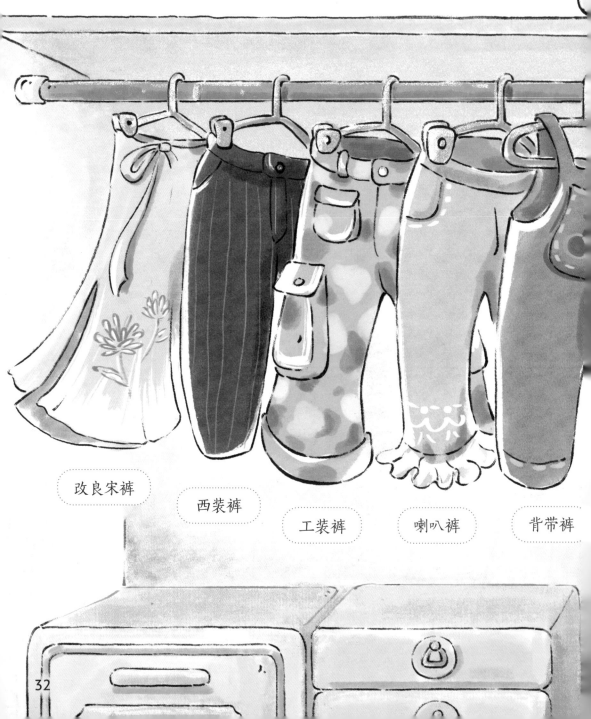

改良宋裤

西装裤

工装裤

喇叭裤

背带裤

五分牛仔裤

平角裤

三角内裤

小脚裤

现在想穿什么样的裤子，都能尽情选择！

这么多的裤子，你最喜欢哪一种呢？

33

知识加油站

▶ 裤子的那些事儿

先秦时期不能箕踞

箕踞就是两腿伸直张开着坐，穿开裆裤这么坐极容易走光，所以被看作一种很不雅观的动作。孟子就曾因为妻子箕踞而请求休妻。

我错了，不休了……

人家在自己屋里想怎么坐就怎么坐，谁让你不敲门就进入房间的？

荆轲刺秦王失败后，曾对着秦王"箕踞"，显示自己对秦王的轻蔑。

有钱人叫纨绔子弟

以前，有钱人家会用贵重的丝织品——纨做裤子，叫作"纨袴"，又作"纨绔"。所以那些富家子弟又被叫作"纨绔子弟"。

糟心事太多是"虱处裈中"

因为古代没有松紧带，所以对于不开裆的裈，必须解开衣带才能抓痒。虱子躲在裤缝里面，就会想抓又抓不到。"虱处裈中"被用来形容世俗生活窘迫、局促。

知 识 小 趣 闻

>> 裤子救了一条命

一个都不能留!

春秋时期，晋国一个叫屠岸贾的大臣，因为跟赵家有矛盾，便设计谋害赵家满门。

赵夫人是晋景公的姑姑，屠岸贾不敢害她，但是在她的住处到处搜查，要求她把儿子赵武交出来。

给我搜!

36

当时赵武还是个小婴儿，赵夫人情急之下，把赵武藏在了自己的裤管里。屠岸贾没有搜到这个小婴儿，赵武因此保住了一命。

这时候赵夫人穿的就是袴，宽大的裤腿正好能藏一个刚出生的小婴儿。可以说是一条救命的裤子了。

参考书目

[1] 沈从文.中国古代服饰研究 [M].上海:上海书店出版社,2011.

[2] 周梦.中国民族服饰变迁融合与创新研究 [M].北京:中央民族大学出版社,2013.

[3] 孙机.汉代物质文化资料图说 [M].北京:文物出版社,1991.

[4] 吴欣.衣冠楚楚:中国传统服饰文化 [M].济南:山东大学出版社,2017.

[5] 周汛,高春明.中国衣冠服饰大辞典 [M].上海:上海辞书出版社,1996.

[6] 周星.百年衣装 [M].北京:商务印书馆,2019.

[7] 伯仲.国粹图典:兵器 [M].北京:中国画报出版社,2016.

[8] 刘永华.中国古代车舆马具 [M].北京:清华大学出版社,2013.

[9] 春梅狐狸.图解中国传统服饰 [M].南京:江苏凤凰科学技术出版社,2019.

[10] 刘永华.中国服饰通史 [M].南京:江苏凤凰少年儿童出版社,2020.